AF500880

EXPOSITION UNIVERSELLE DE 1867
A. PARIS

RAPPORTS DU JURY INTERNATIONAL

PUBLIÉS SOUS LA DIRECTION

DE M. MICHEL CHEVALIER

ARBRES FRUITIERS
ET FRUITS

PAR

M. Le Vicomte ALPHONSE de GALBERT

SECRÉTAIRE DU JURY DU IXe GROUPE.

> Les vertus qui font la félicité des peuples, font aussi la fertilité des terres.
>
> (La Quintinie.)

PARIS
IMPRIMERIE ET LIBRAIRIE ADMINISTRATIVES DE PAUL DUPONT
RUE DE GRENELLE-SAINT-HONORÉ, 45

1867

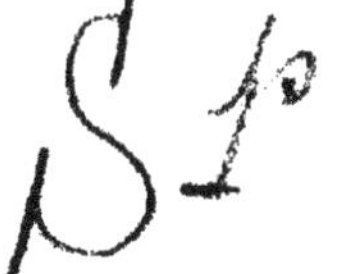

EXPOSITION UNIVERSELLE DE 1867
A PARIS

RAPPORTS DU JURY INTERNATIONAL

PUBLIÉS SOUS LA DIRECTION

DE M. MICHEL CHEVALIER

ARBRES FRUITIERS
ET FRUITS

PAR

M. LE VICOMTE ALPHONSE DE GALBERT
SECRÉTAIRE DU JURY DU GROUPE IX.

> Les vertus qui font la félicité des peuples, font aussi la fertilité des terres.
>
> (LA QUINTINIE.)

PARIS
IMPRIMERIE ET LIBRAIRIE ADMINISTRATIVES DE PAUL DUPONT
45, RUE DE GRENELLE-SAINT-HONORÉ, 45

1867

ARBRES FRUITIERS

ET

FRUITS

CHAPITRE I.

ARBRES FRUITIERS.

Les soins donnés à la culture des arbres fruitiers ont dû, chez toutes les nations civilisées, préoccuper les amateurs de jardins. Presque tous ceux qui peuplent les nôtres sont des apports des pays étrangers, successivement acclimatés parmi nous ou des conquêtes du travail sur la nature. Il suffit, pour s'en convaincre, de voir ce que sont, encore aujourd'hui, à l'état primitif, les poires, pommes, cerises, etc., qui croissent naturellement dans nos forêts. Remonter à l'origine de cette culture, serait un travail difficile. Elle dut naître avec le goût du bon et du beau, c'est-à-dire à la formation des sociétés. Xénophon, Virgile, Columelle, nous apprennent quelles étaient, au sujet des produits de leurs jardins, les préoccupations des grands propriétaires, à l'époque où ces historiens vivaient. Il n'est pas jusqu'à l'idée des expositions et des concours agricoles, que le philosophe grec n'ait émise, comme un usage de son temps.

Personne n'ignore également que, pendant l'époque féodale et jusqu'à la fin du XVIIIe siècle, les ordres monastiques conservèrent et perfectionnèrent la plupart des arts et des sciences. La culture des arbres fruitiers fut de ce nombre. Les Chartreux passaient pour posséder les plus beaux jardins connus alors. La renaissance de l'arboriculture semble néanmoins dater pour nous de la fin du XVIe et du commencement du XVIIe siècle, du moins, c'est à cette époque que remontent les premières publications pomologiques. En 1561, Conrad Gesner publia un ouvrage dans lequel il disait que « le figuier, le groseillier « et le jasmin, étaient cultivés, le long des murs, pour hâter, « soit la maturité des fruits, soit la végétation. » Olivier de Serres, dans son immortel ouvrage, *Le théâtre d'agriculture*, consacre près de deux cents pages à la vigne et aux arbres fruitiers. Son style, brillant et imagé, fera toujours le charme des lecteurs. Puis vinrent de La Barauderie, intendant des jardins de Henri IV et de Louis XIII, qui donna les premières notions précises sur les espaliers; ce travail ne fut publié qu'après sa mort; Nicolas de Bonnefond, valet de chambre du roi, en 1653; Triquet Vautier, médecin du roi; Roger Schabol, qui prétend que, sous Henri IV et Louis XIII, on ne connaissait à Paris que les pêchers en plein vent de Corbeil.

A la même époque, Pierre Belon faisait paraître un ouvrage intitulé *Remontrance sur la culture*, dans lequel il s'occupait surtout des jardins de Padoue. Enfin, de La Quintinie, directeur des jardins du Roi, sous Louis XIV, de qui Perrault, de l'Académie française, disait :

«Par son heureux travail, par ses soins honorée,
De mille nouveaux fruits la terre s'est parée,
Et devenant féconde au gré de ses désirs,
A charmé tous nos sens par mille doux plaisirs.»

donna son admirable livre sur les jardins fruitiers et potagers, l'ouvrage le plus complet de l'époque. Dans un cadre nettement tracé, il embrasse toutes les opérations qu'un horticulteur habile doit savoir faire, il expose toutes les notions qu'il doit connaître ; c'est ainsi qu'il traite de la préparation des terres, des amendements, des plantations des meilleurs fruits; qu'il s'occupe de la taille, du pincement, de l'ébourgeonnement, du palissage, etc. Il indique que l'on doit découvrir les fruits à propos, en enlevant les branches et les feuilles qui les empêchent d'être chauffés par les rayons du soleil. Il donne des méthodes pour la cueillette des fruits, et les modes de conservation. Envisageant la question des maladies des arbres, il en recherche l'origine et donne les remèdes qui y sont applicables. Il finit son ouvrage par un traité des pépinières, des treillages, etc., il parle aussi des jardins potagers, et de la culture des orangers et des citronniers. Ces travaux le firent passer, à juste titre, pour le plus grand des cultivateurs d'arbres de son temps ; il en fut récompensé de toutes les manières, par le grand Roi. De nombreuses éditions de ses œuvres ont paru depuis ; son propre fils fut l'auteur de l'une d'elles, dans laquelle il s'occupe de la culture des melons, que le père avait omis ; elles ont été, depuis, revues et augmentées par tant de jardiniers auteurs, qu'il nous est impossible de les suivre. Cependant, La Quintinie recule devant le pêcher, qu'il regarde comme indomptable, ou du moins très-difficile à conduire.

Le chevalier de Girardot fut plus heureux, en mettant en pratique et en développant les principes enseignés par La Quintinie: il connut le pêcher et devint le fondateur de la célèbre culture de Montreuil. Louis XIV, acceptant une corbeille de pêches, décora le mousquetaire ruiné à son service, et la croix de Saint-Louis brilla sur la poitrine du vieux soldat qui, en refaisant sa propre fortune, venait de doter Montreuil d'une source de richesses, et le monde, d'une admirable méthode de culture. Descombes formula en théorie la pratique de Girardot, dont l'œuvre fut continuée par La Bretonnerie et d'autres auteurs.

La Révolution arrêta momentanément le développement de l'arboriculture fruitière. Les grandes préoccupations qu'elle avait fait naître avaient subitement frappé de mort toutes les préoccupations secondaires du luxe et du bien-être. Mais l'Empire avait à peine amené la prospérité et le calme, à l'intérieur de la France, que le goût des jardins renaissait. Ce mouvement n'a fait que grandir.

Notre tâche ne doit pas se borner seulement à rappeler le souvenir des pères de l'arboriculture fruitière. Nous devons aussi faire connaître le nom et les travaux des hommes qui ont marché sur leurs traces, à qui nous devons les publications pomologiques qui ont tant aidé à vulgariser, parmi nous, les meilleures méthodes de plantation, de culture et de taille des arbres fruitiers. Vers la fin du siècle dernier, vivait, à Montreuil, un homme dont le nom doit venir le premier sous notre plume. Nous voulons parler du baron de Butret, grand propriétaire de cette industrieuse localité, qui, dans un ouvrage très-remarquable, intitulé *Taille raisonnée des arbres fruitiers*, fit connaître les procédés usités alors par les habitants de cette commune, depuis longtemps célèbre, par la culture du pêcher, réputation justement acquise, noblement maintenue de nos jours. L'ouvrage du baron de Butret atteignait en 1808 sa 12e édition (1).

Dans l'intervalle, l'habile pomologiste avait été obligé de quitter Montreuil et s'était réfugié dans les environs de Strasbourg, où il voulait établir une école d'arboriculture. Déjà il avait créé un magnifique jardin de 10 hectares, dont 4 disposés en verger, garni d'espaliers couvrant 300 mètres de murs et planté de 2,500 pieds d'arbres, lorsque les nécessités

(1) Une partie des renseignements bibliographiques contenus dans cette notice sont dus à l'obligeance de notre savant collègue, M. Bouchard-Huzard, secrétaire-général de la Société impériale et centrale d'horticulture de France.

de la guerre vinrent bouleverser sa propriété, détruire ses jardins et mettre fin à ses travaux.

Nous citerons, après lui, Calvel, directeur de la pépinière que le ministre Chaptal avait organisée dans les anciens et célèbres jardins des Chartreux réunis au Luxembourg. Clavel contribua au progrès de l'arboriculture par ses ouvrages sur les *moyens pratiques d'accélérer la fructification des arbres*, sur la *courbure des branches*, sur *l'incision annulaire et circulaire*, sur les *arbres fruitiers pyramidaux*, sur les *pépinières d'arbres fruitiers*, sur les *plantations et la culture des chasselas*. Cadet de Vaulx y joignit ses études sur la *culture de la vigne*, sur les *inconvénients de la taille des arbres*, sur la *restauration des arbres mutilés par la taille*, sur l'*emploi du sécateur*, instrument alors nouveau, sur *l'emploi des fruits*, et, enfin, sur le *gouvernement des arbres fruitiers, à l'aide de l'arcure*, procédé d'inclinaison des branches fruitières, en forme de cercle, pour faciliter la production des fruits. Ce procédé, aujourd'hui presque entièrement abandonné, quoique présentant des avantages certains, était déjà, suivant Poiteau, pratiqué par les Chartreux ; mais Cadet de Vaulx et Fanon, s'en disputèrent alors l'invention.

Un mode de taille particulier du pêcher fut, en 1806, mis en avant par Sieulle, jardinier au château de Vaulx-Praslin : son procédé consistait à ne pas tailler l'extrémité des branches mères, de sorte qu'on obtenait ainsi des pêchers d'une grosseur considérable. Pictet-Malet traduisit, vers la même époque, en français, un ouvrage de Forsyth, jardinier du roi d'Angleterre, dans lequel figure une forme d'arbres qu'on appela longtemps taille à la Forsyth ; mais cette forme avait déjà été indiquée dans la *Manière de cultiver les arbres fruitiers* due à l'abbé Legendre, curé d'Hénouville, ou à Arnauld d'Andilly, de Port-Royal. Conservée depuis, elle est aujourd'hui connue sous le nom de *palmette*.

A cette date, doit être signalé le commencement de la publication d'un des ouvrages les plus importants que nous ayons en France sur les fruits ; il est dû à Poiteau et à Turpin, qui l'intitulèrent : *Traité des arbres fruitiers de Duhamel du Monceau, nouvelle édition, augmentée d'un grand nombre d'espèces de fruits, obtenus des progrès de la culture.* Les auteurs de ce travail le mirent sous l'égide de Duhamel, le savant académicien du XVIIIe siècle, pour couvrir le peu de célébrité qu'avait alors leur nom ; mais ils n'empruntèrent que bien peu de choses à Duhamel, dont le Traité des arbres fruitiers ne contenait que 180 dessins de fruits et avait d'ailleurs été rédigé par lui sur les notes du savant pomologue, l'abbé Le Berryais, ainsi qu'il le reconnaît, du reste, dans sa préface. Ce travail forme 6 volumes grand in-folio et contient 418 planches coloriées.

L'exemple donné par Poiteau et Turpin fut bientôt imité par un jardinier de Paris, Noisette, qui s'acquit une assez grande réputation par la publication de son *Jardin fruitier*, rédigé par le Dr Gautier, où étaient décrites et représentées, en figures coloriées, 220 espèces ou variétés de fruits comestibles. Ce nombre fut porté à 400 dans la deuxième édition de ce travail.

Vers la fin de l'Empire, la culture de Montreuil était encore la seule qui pût être citée comme modèle. Les procédés s'en trouvaient résumés dans l'œuvre d'un de ses jardiniers, Morgand, dans les *Principes sur l'éducation, la taille et l'ébourgeonnement des arbres fruitiers, et principalement du pêcher, d'après la méthode de Pépin et autres célèbres cultivateurs de Montreuil.* Dupetit-Thouars, membre de l'Institut, essaya d'étendre les connaissances propres à faire augmenter les productions fruitières par ses études botaniques sur la *culture des arbres fruitiers*, sur la *formation naturelle et artificielle des fruits*, par ses *Essais sur la végétation*, par son *Verger français*, qu'il ne put terminer, enfin par sa *Notice historique sur les pépinières du Roi au Roule.* Mais les événements politiques qui survinrent étouffèrent sa voix.

Le comte Lelieur, auteur de la *Pomone française*, fut plus heureux que lui; il put arriver à d'importants résultats, en donnant des préceptes très-rationnels, exempts des absurdités qui fourmillent dans la plupart des auteurs qui l'avaient précédé. C'est encore à Montreuil qu'il a puisé tous les détails qu'il donne sur la culture du pêcher ; c'est à Thomery qu'il a rencontré les procédés de la taille et de la conduite de la vigne en treille, qu'il rapporte fidèlement ; mais il a cherché à simplifier la taille des arbres à fruits à pepins, par une nouvelle méthode très-simple qu'il regarde comme applicable à tous ces arbres. « Il en a basé le principe, dit Poiteau, sur ce « qui se passe dans les arbres non soumis à la taille, où les « yeux qui se trouvent à une certaine distance du sommet des « rameaux se convertissent en boutons à fruits, après une, « deux, trois, quatre années d'existence ; mais, ajoute Poi- « teau, la taille elle-même ne dérange-t-elle pas cette prédis- « position naturelle à fructifier dans les arbres? Cette vieille « maxime, *qu'un arbre doit être taillé en raison de sa na-* « *ture et de sa vigueur*, serait-elle une erreur, une absurdité? « Je ne le pense pas. » Quoi qu'il en soit, le comte Lelieur est regardé par les pomologistes comme le chef d'une nouvelle école. Quelle que soit l'influence qu'aient eues les publications relatives aux arbres fruitiers sur la propagation des bonnes méthodes de culture des arbres à fruits, c'est à notre époque, par les cours publics, que se sont répandus les meilleurs enseignements pratiques.

André Thouin, membre de l'Institut, professeur au Muséum d'histoire naturelle, chargé des cours de culture, y développe les leçons qu'il avait données déjà en 1801 à l'Ecole normale, et y traite longuement les principes relatifs à la taille des arbres fruitiers, dont on retrouve presque tous les exemples dans son *Cours de culture* publié après sa mort, par son neveu, Oscar Leclerc-Thouin. Les leçons de O. Thouin furent continuées au Jardin des Plantes par son chef de culture, Dalbret, qui les résuma dans son *Cours théorique et pratique des arbres fruitiers*, ouvrage qui atteint aujourd'hui sa dixième édition.

Mais l'enseignement du Jardin des Plantes avait une sorte de cachet scientifique qui éloignait quelque peu les gens du monde; aussi, lorsque des cours s'ouvrirent au Luxembourg, y vit-on accourir une grande quantité d'amateurs et de jardiniers. Depuis une trentaine d'années, le mouvement a été considérable; il ne paraît pas devoir se ralentir. Ce fut dans la pépinière des Chartreux, organisée vers 1650 par frère Alexis, entré dans la vie monastique après avoir été pépiniériste à Vitry-sur-Seine, puis par ses successeurs, frère François, (dom Gentil), l'auteur du *Jardinier solitaire* ou *Dialogue entre un curieux et un jardinier;* frère Philippe Hervy, que le professeur Hardy devint le véritable vulgarisateur de l'art de tailler les arbres. Sous l'influence de ses leçons théoriques et pratiques, écoutées par de nombreux auditeurs, cet art se répandit promptement, d'abord aux environs de Paris, puis dans la province.

Ces cours existent encore; ils sont continués de la manière la plus brillante par le successeur de M. Hardy, l'un de nos collègues du Jury, M. Rivière. Aujourd'hui, les cours d'arboriculture sont tellement répandus qu'il n'y a pas de ville où il n'en ait été créé. Là où les municipalités et les sociétés d'agriculture et d'horticulture n'ont pas voulu en faire les frais, de simples particuliers se sont dévoués au progrès, ont donné des leçons gratuites et tellement répandu les bonnes méthodes qu'un possesseur de jardin ne doit pas plus ignorer la taille et la conduite des arbres fruitiers qu'un propriétaire rural, les connaissances les plus élémentaires de l'agriculture. En outre, de savants professeurs ont parcouru la France entière; les uns, subventionnés par les villes ou les communes; d'autres, n'ayant pour mobile que l'amour de la science, et, parmi ces derniers, combien n'ont pas hésité à sacrifier leur temps et leur fortune à la vulgarisation des meilleurs procédés de plantation, de greffe, de taille et de conduite des arbres à fruits!

Il serait trop long d'énumérer tous ceux qui se sont distingués dans cette carrière ; qu'il nous suffise de payer un tribut à la mémoire d'un zélé et ingénieux instituteur, M. Brémond, et de nommer MM. de Bengy-Puyvallée, Malot, Alexis Lepère pour le pêcher, Guyot pour la vigne, surtout au point de vue de la culture en grand et de la production du vin, et, pour les arbres en général, Dubreuil, Forest, Verlot, de Linage, Cossonnet, Georges, Luizet, Croux, et tant d'autres dont nous regrettons de ne pouvoir citer les noms.

Il y a cinquante ans, à peine, à quelques exceptions près, trouvait-on en province un jardinier chez lequel on pût acheter un bon arbre fruitier ? il fallait tout faire venir de Paris, et, encore, combien d'erreurs étaient commises dans les expéditions ? Actuellement, il n'est pas une petite ville de France qui n'ait ses pépinières, parfaitement tenues, où tout est en ordre, espèce par espèce, avec de bons catalogues, donnant les époques de maturité, les qualités des fruits, leurs dimensions, etc., en un mot, toutes les indications qui peuvent aider et guider le planteur. Metz, Angers, Lyon, Orléans, etc., se distinguent parmi les villes qui ont le plus aidé à ce mouvement et qui maintiennent leur supériorité comme valeur de produits, sûreté des envois, exactitude dans les renseignements et les engagements.

Dans quelques centres importants, on a créé des bibliothèques pomologiques, musées, si je puis m'exprimer ainsi, dans lesquelles les modèles en cire et en composition de diverses natures, particulièrement ceux dus à M. Buchetet, ont représenté toutes les variétés de fruits, de telle façon et si parfaitement que, souvent, l'on ne saurait reconnaître le fruit naturel du fruit imité, nouvelle richesse artistique que voudront posséder un jour tous les musées d'histoire naturelle et qui peut embrasser toutes les productions de la nature.

Des jardins d'expérimentation ont été créés dans la plupart des écoles d'agriculture ; des fermes écoles et maisons analogues, telles que les colonies de jeunes détenus, dans beaucoup de propriétés particulières, et par un certain nombre de villes. Là, sont données des leçons publiques; là, se trouvent des modèles parfaits de direction et de forme, comme peuvent en offrir les plus brillants spécimens exposés, soit au Champ-de-Mars, soit à Billancourt. Voici de bien remarquables progrès. Ajoutons qu'il n'est pas de société d'agriculture, d'horticulture, de comice, qui n'ait donné des primes, des médailles, et encouragé de toutes les façons les bonnes méthodes de plantation, de conduite, de taille et de culture des meilleures variétés. La presse, par ses journaux d'arboriculture, par les articles agronomiques et horticoles hebdomadaires de la plupart des feuilles quotidiennes, par une multitude de publications à la fois théoriques et pratiques, a largement contribué au progrès.

Cette impulsion n'a pas été seulement produite par les causes que nous venons d'énumérer; nous devons y ajouter, d'une manière toute spéciale, l'accroissement de la fortune publique, ou, pour mieux dire, le bien-être général dont jouissent la France et une partie de l'Europe, par suite de la création d'œuvres utiles au travailleur, et, surtout, par l'augmentation de la rémunération du travail. L'habitude de mieux vivre qui en est résultée s'est tellement répandue que, entre la plupart des ouvriers habitant les villes et les employés secondaires de nos administrations départementales, il existe peu de différence.

Gardons-nous d'omettre que ce mouvement s'étend aux campagnes; qu'il n'est pas rare de trouver, dans quelques communes rurales, de beaux arbres et de bons fruits, au milieu des jardins du fermier et du petit propriétaire, et cela, surtout, dans les communes où l'instruction primaire a reçu un plus complet développement.

Qui saurait se passer aujourd'hui de légumes, de fruits? Les bons sont si nombreux que, en automne surtout, c'est presque une économie que d'en acheter, préférablement aux fruits communs, âcres et graveleux, qui sont proportionnellement plus chers. Nous pouvons affirmer qu'ils auront bientôt disparu de nos marchés.

Parfois, une émulation s'établit entre les divers possesseurs de jardins d'un village ou d'un hameau; chacun veut avoir, à l'exemple de son voisin, souvent plus favorisé des dons de la fortune, des arbres nouveaux ou rares, des fleurs et des fruits plus réputés. L'enseignement horticole que l'administration supérieure et les administrations locales tendent de plus en plus à favoriser, a eu d'heureux résultats ; il est dans une bonne voie, dont nous ne pouvons désirer que l'extension.

La France, avec ses rapides voies de communication, doit bientôt arriver à approvisionner de ses excellents fruits tout le nord de l'Europe, au grand avantage du producteur et du consommateur. Mais, pour cela, il faut continuer à progresser, en évitant quelques écueils que nous allons tâcher de signaler. Le premier est celui de la trop grande multiplicité des variétés, multiplicité qui tend à s'accroître de jour en jour par les semis. Quoique, cependant, les semis soient un bon moyen d'obtenir des produits doués de qualités nouvelles et recherchées, ce n'est qu'à la condition qu'il sera fait, parmi eux, une sélection prudente. Ce choix des arbres à conserver et à répandre est d'autant plus difficile que les inventeurs s'exagèrent souvent la valeur de leurs conquêtes et que, indépendamment du prix auquel s'élèvent la plupart de ces fruits nouveaux dont le mérite est habilement publié, il faut se défier aussi des exagérations engendrées par l'amour aveugle de la paternité.

Cette question n'est pas nouvelle ; au siècle dernier, Duhamel du Monceau s'en était préoccupé. M. Sageret qui fut, pour le dire en passant, propriétaire et cultivateur, à l'époque de la Révolution, des terrains de Billancourt où se tient en 1867 la portion agricole et horticole de l'Exposition Universelle, s'occupait, dans son jardin de Charonne, d'études sur les arbres fruitiers : il « *cherchait les moyens de faire naître* « *des espèces et des variétés nouvelles et d'en diriger la*

« *création ;* » il publiait, en 1850, les résultats de sa longue expérience, dans sa *Pomologie physiologique* ou *traité du perfectionnement de la fructification*. Cette amélioration s'obtient, sous le rapport économique, par la taille, sous le rapport de la qualité, par le semis. M. Adrien de Jussieu a fait de ce pomologiste un éloge dont nous regrettons de ne pouvoir citer quelques fragments. Ils indiquent, d'une façon très-juste et très-claire, le but auquel doivent tendre toutes les personnes qui s'intéressent à la production et à l'amélioration des fruits.

Depuis quelques années, un homme, dont le nom est connu de l'Europe entière, s'est inquiété de la surabondance, du désordre des dénominations pomologiques, et, dans une curieuse et fort belle publication, a réuni toutes les espèces de fruits connus ; j'ai nommé M. Decaisne. Espérons que l'ouvrage terminé sera complété par des listes qui donneront satisfaction à tous les goûts : les unes, pour les collectionneurs passionnés, contiendront les espèces et les variétés jusque dans leurs dernières limites ; d'autres, moins étendues, pour les plus modérés ; enfin, des listes restreintes, pour la catégorie des cultivateurs, la plus nombreuse et la plus intéressante : je veux parler de ceux qui veulent obtenir de leurs travaux un prix rémunérateur.

Le congrès pomologique de France est entré dans la même voie, éliminant, dans chacune de ses réunions, les fruits médiocres ou mauvais, ne conservant que les meilleurs, suivant les localités, et leur assignant à chacun une dénomination unique : tel est son but d'une utilité incontestable. Il serait difficile d'énumérer tous ceux de nos contemporains qui ont écrit sur ce sujet et réuni des matériaux précieux, dans lesquels chacun pourra puiser suivant ses goûts. Qu'il suffise de citer MM. Hardy, Dubreuil, Mas, André Leroy, Paul de Mortillet, l'auteur des quarante poires. Ce dernier, continuant son travail sur les meilleurs fruits, se propose de venir en aide aux spéculateurs qui ne veulent que le mieux de ce qui est bon.

Un certain nombre de pays étrangers peuvent aussi, à bon droit, revendiquer leur bonne part dans ce mouvement. De l'Angleterre, de l'Allemagne, de la Belgique surtout, nous sont venus une grande quantité de fruits nouveaux ou améliorés. Poires, pommes, cerises, groseilles, etc., leurs horticulteurs ont apporté dans la sélection et l'amélioration des espèces cet esprit pratique et persistant qui distingue les peuples du nord.

Un autre écueil est la multiplicité et la complication des formes. Toutes les personnes qui se sont occupées d'arboriculture savent qu'avec un peu d'adresse et de patience, et surtout beaucoup de temps, on arrive à obtenir les formes les plus compliquées, les plus originales, même des noms écrits en guirlande de verdure, de fleurs et de fruits. C'est là un plaisir charmant, un passe-temps des plus agréables, bon pour les professeurs et les possesseurs de petits jardins de plaisance où, dans un espace restreint, le propriétaire a beaucoup de loisirs à dépenser. Qui pourrait les en blâmer? personne assurément, puisque ces passe-temps même servent à l'avancement, au progrès de l'arboriculture. Tout le monde a admiré le pêcher en losange, les pêchers Napoléon et Eugénie de M. Lepère, les photographies exposées au jardin réservé, représentant une série de tours de force obtenus de la végétation des arbres. Au reste, on n'arrive à obtenir ces formes qu'en fatiguant, en tourmentant continuellement les arbres, en les taillant, les courbant, en un mot, en absorbant, au bénéfice des parties que la nécessité ou le caprice veulent modifier dans leur essor naturel, la séve de l'arbre tout entier.

Nous avons dit qu'au Champ-de-Mars et à Billancourt s'étalaient de nombreux modèles de formes très-variées, depuis la plus simple jusqu'à la plus originale et la plus compliquée; mais nous ne saurions trop recommander, pour les grandes formes, la *palmette* qui porte le nom du si regrettable jardinier de la Saulsaie, où il était chargé des cours d'arboriculture, M. Verrier; les palmettes doubles obliques, à tiges simples ou doubles, associées aux palmettes horizontales, à tiges simples ou doubles.

Il serait injuste de ne pas nommer ici quelques-uns des hommes habiles qui nous ont montré au Champ-de-Mars des spécimens de leurs cultures ; notons donc en passant les palmettes de M. Cochet, de Suisne ; les pyramides de MM. Jamin et Durand, de Bourg-la-Reine, enfin les formes diverses de MM. Croux, Baltet, etc. Mais nous ne pouvons nous empêcher de donner une mention spéciale et de citer comme de véritables modèles de palmettes à tiges doubles, tant ils ont attiré l'attention des horticulteurs et fait l'admiration des nombreuses personnes qui ont visité cette partie, un peu trop retirée, du jardin réservé, les pêchers appartenant à l'une des notabilités horticoles de Montreuil, M. Chevalier. Ils sont en forme de lyre, encore aujourd'hui d'une belle végétation, malgré les conditions défavorables du déplacement. Que serait-ce si l'arbre avait pu conserver tous ses fruits ! Certes, il n'y a rien de nouveau, ni en principe, ni en fait, dans l'exhibition de ces magnifiques sujets ; mais c'est un des plus splendides spécimens du progrès dans la culture et la taille des pêchers qu'il soit possible de voir.

A ce propos, nous devons faire connaître ici le mode de culture du pêcher employé par un ingénieux propriétaire du Midi, M. Sahut. Dans cette partie de la France, deux choses sont à considérer, le soleil, qui est ardent, et le mistral, qui est violent ; le premier est une force qu'il faut savoir utiliser et un danger qu'il s'agit de combattre ; le deuxième est toujours à redouter.

Prenant le sol pour réflecteur et étendant en sens horizontal les branches des arbres, M. Sahut serait arrivé à la solution de ce difficile problème. La surface supérieure est large, mais l'arbre, étant peu élevé, donne peu ou point de prise au fléau dévastateur, qui, habituellement, lorsqu'il n'abat ou ne déracine pas, sèche et fait dépérir la plupart des arbres qu'il touche. Dans ce système, le terrain sert à la fois de réflecteur et d'appui, comme le font les murailles pour nos pêchers verticaux. On comprend dès lors la facilité de les préserver des gelées par les toiles et les paillassons. Sous châssis, ils peuvent donner des fruits hâtifs. On conçoit également la beauté de leurs fruits grossis par les douces vapeurs du soleil, et leur perfection en sucre et en couleur, par la chaleur absorbée, le jour, et exhalée, la nuit. C'est là un heureux point de départ qui peut doter tout un pays d'une culture jusqu'alors réputée impossible. Simple et facile, elle est déjà, paraît-il, mise en pratique dans une grande partie du département de l'Hérault et surtout dans les environs de Montpellier.

Connue et employée depuis longtemps au Japon, en Perse, dans plusieurs autres contrées de l'Orient, surtout pour les arbres à noyaux, pêchers, abricotiers, etc., cette méthode était inconnue en France. Elle mérite d'être signalée aux habitants de nos régions méridionales. Elle est digne aussi d'obtenir des éloges, car elle peut éveiller l'idée d'une foule d'applications nouvelles et d'une grande extension donnée à la culture du pêcher.

A diverses reprises, des Français établis en Égypte ont tenté d'y acclimater les arbres fruitiers de nos pays et de les soumettre aux formes habituelles en Europe. Les jardins Coulomb, près du Caire, possèdent toutes nos meilleurs variétés de pommiers, poiriers, pêchers, cerisiers, etc. La végétation des terres qu'arrose le Nil est telle que la séve ne s'arrête que pour reprendre aussitôt un nouvel essor; elle y est si luxuriante, si active, que l'arbre ne peut supporter d'autres travaux que ceux nécessités par la direction des branches et pour la formation des boutons à fruits.

Il résulte de cette vigueur de la séve une fougue impossible à dompter. Les pincements seuls la calment momentanément. Mais en adaptant à leur conduite la méthode que Sieulle employait à l'établissement de ses pêchers, en appliquant un pincement plus sévère à la formation des boutons à fruits, peut-être arriverait-on à dominer cette vigueur et à la faire tourner au profit de la fructification, d'autant plus abondante, que la floraison est, pour ainsi dire, perpétuelle dans la plupart des espèces, sous ce climat privilégié. L'application de la méthode Sahut pourrait y être tentée avec avantage, surtout dans les parties du Delta où le vent du désert a une action plus spéciale.

Un spécimen de culture particulière aux contrées du nord a été présenté au Jury du groupe IX; il vient de Hollande. Les sujets sont à tige, surmontés de palmettes très-étroites en forme de barbes de plume ou en éventail. Ces arbres sont disposés de façon à recevoir les protections nécessaires sous des climats plus froids que les nôtres.

Un procédé de greffe, mis en pratique depuis quelques années seulement, mais dont l'application s'est rapidement vulgarisée, consiste à prendre sur un arbre trop chargé de bourgeons à fruits, quelques-unes de ces productions surabondantes et à les transporter sur des branches qui en sont moins pourvues, et parfois sur d'autres sujets d'espèces différentes et stériles. On obtient ainsi un bouton artificiel qui se développe sur son nouveau porteur, comme il l'aurait fait sur la branche mère. Ces bourgeons, qui auraient été perdus pour la plupart, ne donnent pas seulement des produits rémunérateurs, ils tempèrent, en même temps, la vigueur de la séve et peuvent servir à mettre à fruit un arbre rebelle.

Parmi les méthodes nouvelles, je citerai encore celle qui consiste à faire développer un œil qui n'existait qu'à l'état latent, et qui, sans ce travail, sans une cause active, se fût promptement oblitéré. On l'a nommé incision partielle. Il a pour but la création d'une branche à bois quand elle a manqué naturellement, ou quand une circonstance quelconque a privé l'arbre d'une de ses branches indispensables. L'incision partielle se fait en pratiquant, au-dessus du point où l'on voit exister un embryon d'œil, une fente ou cran en forme de fer à cheval. La première année, l'œil se développe; la seconde, quand les apparences l'exigent, on renouvelle la même incision et la branche s'élance pour remplacer le vide qu'elle a été destinée à combler.

Je ne parlerai pas de l'incision annulaire, elle trouvera beaucoup mieux sa place dans le Rapport sur la viticulture; c'est à la vigne, en effet, qu'elle est appliquée sur la plus vaste échelle.

Une autre modification introduite dans la culture des arbres fruitiers, depuis quelques années, consiste à tailler immédiatement à long bois.

Autrefois, quand on voulait obtenir des palmettes, des pyramides ou des contre-espaliers, on taillait très-court, on mutilait les arbres pendant des temps indéfinis, et on mettait à les former dix, douze et quinze ans. Aujourd'hui, par la taille longue, on arrive plus rapidement à avoir des fruits, et les arbres sont tout aussi vite constitués. On peut également employer ce genre de taille pour fortifier une branche faible. Il suffit de lui conserver tout ou partie de sa poussée de l'année précédente. La taille à long bois s'applique surtout aux poiriers greffés sur franc, destinés, soit à couvrir de vastes espaliers, soit à faire des arbres à hautes tiges. Il faut, en outre, faire attention aux espèces. Celles qui végètent facilement devront être plutôt taillées, suivant cette méthode, que celles dont la végétation est lente et difficile.

Les arbres de vergers ou de jardins, plantés en plein vent, présentent de sérieux avantages sur ceux en espaliers. La forme de ces derniers, étant contraire à la nature, éprouve toujours certaines difficultés à se développer. Ils ne reçoivent qu'imparfaitement, et d'un seul côté, les influences atmosphériques. Les arbres en plein vent, au contraire, jouissant de toute leur liberté, peuvent s'étendre dans toutes les directions; leurs fruits mûrissent d'une manière plus uniforme et sont généralement plus parfumés, plus juteux et plus également colorés que les fruits venus en espaliers. Il est même des espèces qui ne prospèrent jamais sous cette dernière forme, surtout parmi les fruits à pepins. Pour tous, l'orientation est une question fort importante. Il est des arbres qui ne viennent bien qu'en plein midi; d'autres, au contraire, ne prospèrent qu'exposés au nord. L'orientation est aussi fort utile à consulter pour modifier la maturation des fruits, l'avancer ou la retarder, selon les besoins. Du reste, tous les arbres en espaliers vivent peu, sont plus sujets aux coups de soleil, plus attaqués par les insectes, plus délicats que les arbres en plein vent.

L'espalier présente néanmoins cet avantage que les branches attachées aux murailles craignent moins l'ébranlement occasionné par la violence des vents, et que les fruits sont plus gros; mais la culture en est beaucoup plus coûteuse, plus difficile; la production, moins abondante, ne dédommage le jardinier que dans les espèces et sous les climats où les fruits ne mûriraient pas en plein vent, comme, pour le pêcher et la vigne, et même certaines variétés de poiriers, le centre et le nord de la France. Les soins à donner aux espaliers sont incessants. La grande et constante régularité qu'il faut maintenir dans la circulation de la séve, dans la production des bourgeons, oblige à une surveillance continuelle. Quelques jours passés loin du jardin, l'oubli d'un pincement, la présence et les ravages d'un insecte amènent des désordres tellement graves que l'existence du sujet peut être compromise. La taille y est indispensable; or, si elle est un moyen d'amener les arbres aux formes et aux limites restreintes des jardins, si elle fait grossir quelques fruits et en améliore quelques autres, elle diminue, en tous cas, la production. On peut affirmer que l'espalier n'est, commercialement rémunérateur qu'aux environs des grands centres de population, des grandes villes. Aux arbres en plein vent, il suffit d'un pied sain, d'une terre plus ou moins profonde et d'un tuteur. Les frais d'établissement sont donc minimes.

La nature du sol est l'une des choses le plus à considérer dans la culture des arbres fruitiers; de nombreux auteurs ont traité cette question, que le cadre restreint de ce Rapport ne nous permet pas d'aborder.

Nous ne terminerons pas ce travail sans parler d'un arbre dont le fruit est aujourd'hui l'objet d'un commerce important. Tout le monde connaît et apprécie la figue; fraîche ou sèche, elle est un mets délicat, sucré, d'un goût des plus agréables.

Le Midi seul avait eu pendant longtemps le monopole de cette culture. Le figuier, dont le bois est très-poreux, tendre, dont la séve est très-abondante, est très-délicat et gèle, dès que la température s'abaisse sensiblement. Il n'est pas rare, dans le Midi, de le voir surpris par la gelée pendant les nuits claires de janvier et de février.

Dans les climats semblables à ceux des environs de Paris, la difficulté était de trouver un moyen d'empêcher les figuiers d'être saisis par le froid. La commune d'Argenteuil a été assez heureuse pour arriver à ce résultat. Elle produit la plus grande quantité des figues qui se vendent sur les marchés de Paris, sans compter tout ce qui s'exporte en Angleterre et dans une partie du nord de l'Europe. Ce commerce est devenu, pour les cultivateurs de ce pays, une source de richesse aussi considérable que les raisins pour ceux de Thomery, les pêches pour Montreuil, les abricots pour l'Auvergne, les prunes pour Agen, Troyes, Tours et les environs de Paris, les amandes et les olives pour la Provence, les pommes pour la Bretagne, la Normandie et la vallée de la Loire.

Les figuiers cultivés à Argenteuil sont couchés sur le sol; tous les ans, leurs branches sont enterrées, dès que les premiers froids se font sentir, aux mois de novembre ou de décembre, pour n'être découvertes qu'à la fin des gelées, en février ou mars, selon les saisons. Cette méthode mérite d'être signalée à toutes les régions du centre de l'Europe.

L'économie rurale, quant à ce qui regarde la culture des arbres fruitiers, a donc fait, depuis quelques années, de remarquables progrès; jardins mieux plantés, méthodes perfectionnées, meilleures espèces d'arbres fruitiers, culture généralement mieux soignée. Ce sont là des améliorations incontestables. L'Exposition Universelle a mis en relief toutes les méthodes connues de plantation, de direction, de culture en un mot, des arbres fruitiers. Si la France est le pays qui s'accommode du plus grand nombre d'espèces de fruits, depuis l'oranger des régions orientales jusqu'à la châtaigne et la pomme des contrées septentrionales, elle est aussi celle ou l'arboriculture a fait les progrès les plus marqués. Mais n'oublions pas que la plupart des conquêtes pomologiques sont dues à la Belgique, et que c'est de chez elle que nous viennent une quantité de poires et des plus estimées.

Exprimons aussi le regret que la Russie ne nous ait pas envoyé quelques spécimens des arbres si admirables de formes que contiennent les jardins impériaux de Saint-Pétersbourg, véritables modèles, dont la sollicitude éclaïrée du souverain a doté ses peuples. Quelles difficultés n'a pas dû surmonter le jardinier habile chargé de la direction de ces magnifiques vergers sous un climat aussi ingrat et aussi froid.

CHAPITRE II.

FRUITS.

Les fruits de notre vieille Gaule, avant l'introduction et l'acclimatation de la plupart des espèces qui décorent aujourd'hui nos jardins et nos tables, se réduisaient à quelques espèces : les poires, les pommes, les noix, les noisettes, les châtaignes ou marrons, les groseilles et les framboises.

Le raisin peut être considéré comme le produit de l'acclimatation la plus reculée. La Bible nous apprend que la vigne croissait au temps de Noé ; on attribue son introduction dans nos pays aux Phéniciens ; elle était certainement cultivée dans les Gaules à l'époque de l'invasion romaine, puisque Domitien la fit arracher à peu près partout. Ce ne fut que sous Probus, au troisième siècle, que sa culture fut autorisée ; la France est certainement le pays où elle vient le mieux.

L'oranger est originaire de l'Asie orientale, d'où il aurait été importé en Afrique par l'Arabie, puis en Europe, à l'époque des premières croisades, par la Sicile et l'Italie. C'est en Orient et même dans l'Europe méridionale, un arbre d'assez haute taille, au port élégant, à la cime arrondie, chanté par les poëtes de l'antiquité qui ornaient de ses fruits le jardin des Hespérides. Le premier plant, importé d'Espagne en France, fut apporté au jardin de Versailles par le connétable de Bourbon et porta le nom de François Ier.

La cerise, venue de l'Asie mineure, fut apportée à Rome par Lucullus.

La prune, l'abricot et la pêche, tous originaires de l'Orient, d'où les premiers pieds importés à diverses époques se sont non-seulement acclimatés en France, mais y ont acquis, par la culture, des dimensions et des qualités que l'on chercherait en vain dans tous les pays d'où on les a tirés : coloration du fruit, forme, grosseur, époque de maturité, tout, jusqu'au parfum et au goût, a été modifié par le temps et surtout par les améliorations introduites au fur et à mesure des progrès de l'arboriculture.

Quelques espèces ont disparu, du moins on les reconnaît à peine. Le temps a passé sur elles comme il passe sur toutes choses ; les maladies les ont défigurées ; nos pères mêmes ne reconnaîtraient pas la plupart des fruits qu'ils savouraient, comme les plus parfaits, il y a un siècle. Mais avons-nous perdu à cette transformation ? Et les fruits actuels, conquêtes du travail et de l'étude, pour la plupart, ne sont-ils pas infiniment supérieurs à ceux que le temps nous a transmis ? Il suffit de voir les fruits apportés à nos concours pour être convaincu de leur supériorité et des progrès de l'arboriculture.

Ces progrès, nous l'avons dit, datent surtout de quelques années, et nous devons en rapporter principalement l'impulsion à la création de nombreuses voies de communication, à la facilité de pouvoir jeter, en quelques heures, dans les grands centres de population, les fruits les plus susceptibles de se détériorer promptement ou de se corrompre.

Ces facilités données au commerce par le développement des voies ferrées ont amené, dans la culture des arbres fruitiers une révolution aussi complète que dans l'industrie. Il n'est pas, en effet, de stimulant plus énergique pour modifier les habitudes des hommes que l'intérêt. Du moment où s'ouvraient des débouchés nouveaux, le prix de la production devait s'élever. Une multitude de propriétaires ont fait, sous cette influence, des plantations considérables. Tel produit dont on ne tirait aucun bénéfice, faute de pouvoir en opérer le placement, a acquis subitement, par l'ouverture des marchés éloignés, une valeur que l'on n'eût jamais espéré. C'est ainsi que nous viennent du Midi tous ces fruits si soigneusement expédiés chaque jour au commerce parisien, les abricots, les pêches, les raisins, transmis aussi frais, malgré la distance, que s'ils étaient cueillis sur l'arbre ou sur la treille.

L'industrie des primeurs, malgré cette concurrence réelle, a pris également une grande extension. Quelle table élégante saurait s'en passer? Les raisins sont en première ligne. Des hommes considérables, appelés primeuristes, s'adonnent à leur culture; à leur tête : MM. Rose et Constant Charmeux, dont les serres de Thomery peuvent fournir pendant tout l'hiver, non-seulement au commerce parisien, mais à l'exportation, leurs magnifiques chasselas dorés, plus connus sous le nom de chasselas de Fontainebleau. A côté de leurs serres, pourrait-on ne pas citer celles de Ferrières et de Ponchartrain!

La France possédait, au siècle dernier, quelques belles et bonnes poires : les doyennés, les Saint-Germain, les beurrés gris, les crassanes, etc., etc. Elles ont survécu aux maladies qui les ont atteintes, comme toutes les autres créations de notre globe. Mais heureusement, ainsi que nous l'avons dit plus haut, des variétés complétement inconnues à nos pères, produits d'hybridations naturelles ou artificielles, sont venues augmenter le nombre des bonnes poires et jeter dans nos jardins des fruits remarquables par leur grosseur, leur forme, leur parfum et leur goût.

Ce mouvement ne semble pas vouloir se ralentir ; il n'est pas d'année où les pomologistes n'aient quelque conquête nouvelle. En présence du spectacle auquel nous assistons, de l'extension incessante des relations commerciales, de l'augmentation de la fortune publique, de la hausse des salaires, etc., qui peut prédire les révolutions économiques que les chemins de fer produiront ? Que ne peut-on en attendre en fait de relations et d'échanges !

Londres, Paris, Saint-Pétersbourg, Berlin sont des centres sur lesquels on peut diriger toutes les productions méridionales ; toutes y seront bien vendues, parce que le climat s'oppose à la culture de la plupart d'entre elles.

Depuis quelques années, l'Algérie, qui fait une concurrence extraordinaire à tous les primeuristes, envoie chaque jour son contingent de productions arrivées à complète maturité, quand leurs similaires, en Europe, sont à peine fleuries.

L'étranger, le Midi comme le Nord, participe au bénéfice de ces expéditions. L'Angleterre vient acheter en France la plupart de nos fruits à noyaux qui ne sont nulle part comparables à ceux qu'elle produit ; l'Italie, l'Espagne, l'Égypte, l'Orient nous envoient les oranges, les citrons, l'ananas, les dattes, etc.; mais nous leur expédions en échange les pommes, les noix, les châtaignes.

Puisque nous avons cité les noix, qu'il nous soit permis d'en dire quelques mots : objet d'un commerce presque nul, les noix de table, dites *Mayettes*, en Dauphiné, que produisent exceptionnellement de qualité très-supérieure quelques cantons du bas Graisivaudan, sont tellement recherchées depuis sept ou huit ans, que leur prix est plus que doublé. Celles du Puy-de-Dôme et de la Dordogne sont également l'objet d'importantes expéditions. Nous en dirons autant des châtaignes du Dauphiné, du Forez et de l'Ardèche. Elles sont connues sous le nom générique de marrons de Lyon. La haute Italie en fait également une exportation considérable.

Il n'est pas jusqu'aux fraises si parfumées de nos Alpes, aux framboises de nos forêts, que l'on n'expédie en tous lieux.

L'impulsion est donnée, elle peut se modifier, elle ne s'arrêtera pas. La vente annuelle des fruits a bien certainement décuplé depuis vingt ans. La création des marchés à la criée, dans toutes les villes d'une certaine importance, développera encore ce mouvement.

Si nous examinons maintenant, d'une manière plus spéciale, les concours de fruits exposés dans le jardin réservé, nous voyons que jamais plus brillante, plus abondante réunion de produits pomologiques ne fut agglomérée dans un même espace. On les comptait par milliers, surtout dans les derniers concours. C'était vraiment la fête de Pomone à laquelle tout semblait concorder pour donner un éclat inconnu. Le nombre et la qualité des visiteurs, parmi lesquels la plupart des Souverains de l'Europe, toutes les notabilités scientifiques du monde.

De toutes parts étaient venus des spécimens incomparables, et comme beauté de forme et comme valeur comestible, et, si la France et la Belgique étaient les premières, les autres contrées ne devaient leur infériorité qu'au climat ; ainsi, la Prusse et la Suède nous montraient des espèces appartenant aux pays tempérés, introduites et cultivées dans des régions où la chaleur est toujours très-faible et très-variable. Quelques-uns venaient même des 64ᵉ ou 65ᵉ degré nord,

Aux Gouvernements, aux Sociétés de Prusse et de Suède, aux Commissaires délégués reviennent l'honneur de les avoir réunis et d'avoir pu les apporter, sains et saufs, jusqu'à Paris, après plusieurs semaines de navigation. La science, en général, le Jury de l'horticulture en particulier, ne peuvent que leur en être reconnaissants.

Il serait beaucoup trop long d'énumérer toutes les espèces, toutes les variétés de fruits qui se sont succédé pendant cette exhibition quatorze fois renouvelée.

Il le serait non moins de nommer tous ces courageux et savants horticulteurs qui ont voulu donner la preuve et de leur science et de l'excellence de leurs cultures.

Combien avons-nous vu de ces infatigables exposants renouveler jusqu'à trois fois des collections aussi brillantes et aussi belles que la première.

La réunion annuelle du congrès pomologique de France, à la fin du mois de septembre, avait rassemblé à Paris les plus célèbres praticiens de l'Europe. Ils ont pu apprécier, à leur passage, de nombreuses collections toutes renouvelées ou tout au moins considérablement augmentées.

Beaucoup d'entre eux s'étaient vu appelés à faire partie du Jury associé. Le Jury de l'Exposition avait été heureux de pouvoir s'adjoindre, pour un concours aussi important, une grande partie des membres du congrès.

Toutes les serres du jardin réservé avaient peine à contenir les fruits apportés.

La plus grande d'entre elles, celle que remplissaient les palmiers, les cycadées et d'autres plantes exotiques appartenant, soit à la ville de Paris, soit à divers exposants, est précédée d'une espèce d'atrium dont l'ornementation extérieure rappelle les constructions chinoises modifiées par le bon goût français. Elle est entourée de massifs composés des conifères les plus nouvelles et les plus rares dont la verdure tranche avec l'or, le velours et les couleurs claires et chatoyantes des étoffes flottantes le long des treilles à jour qui forment la charpente de cette gracieuse galerie qu'un spirituel écrivain a appelée le salon d'honneur du jardin.

C'est là que sont disposées les belles collections de MM. Baltet frères, Croux, Cochet, Deseine, etc.

Elles remplacent les pélargoniums et les glaïeuls dont les

brillants reflets attiraient tout Paris et les innombrables visiteurs venus de tous les coins du monde.

Toutes les autres serres étaient remplies par les fruits de MM. Dupuy-Jamain, André Leroy, Oudin, etc. Les collections de diverses Sociétés et particulièrement de celles de la Côte-d'Or, de la Moselle, des pays étrangers.

La galerie avait vu s'épanouir successivement les jacinthes, les tulipes, les roses, et c'est sous elle que furent abritées tant de variétés de raisins. Je ne parlerai ici que des raisins de table, passant sous silence les sociétés de la Côte-d'Or, de Marseille, MM. Leroy, Phélippot, etc., qui joignaient à leur collection de vin de cave de nombreuses espèces de table.

Dans deux concours, ceux du 1er et du 15 octobre, une lutte très-vive s'établit entre les exposants de Thomery et ceux de Conflans-Sainte-Honorine. Le coloris des raisins de cette dernière provenance, leur bon goût, ont décidé le Jury à les placer au même rang que leurs concurrents, et je dirai même, car c'est à l'occasion des grandes Expositions comme celle de 1867, que l'on doit faire ressortir tous les mérites, que, si la réputation du chasselas de Thomery n'était si bien établie et si bien défendue par le travail et les succès de MM. Rose et Constant Charmeux, la bonté, la beauté des produits de Conflans aurait pu l'ébranler.

Aujourd'hui, la réputation de MM. Crapotte, Cirjean et Lambert Pacotte est toute faite. Leurs produits ont une supériorité incontestable ; le tout était, pour eux, de recevoir le baptême de la publicité.

Des récompenses distinguées leur ont été accordées, et nous ne doutons pas que, à partir de ce jour, une lutte, dont tous sortiront victorieux, ne s'établisse entre ces deux pays. Paris est un débouché ouvert à toutes les bonnes choses ; ils n'ont qu'à produire beaucoup, tout s'écoulera. Les efforts des deux producteurs seront amplement récompensés.

En résumé, près de dix mille lots de fruits ont été exposés ; je ne crois pas exagérer en portant leur nombre à quarante-cinq ou cinquante mille. Les lots de raisins se sont élevés au chiffre de cent à cent vingt, et les variétés à plus de quinze cents.

A côté des produits dont nous venons de parler, s'étalaient les lots de fruits nouveaux ; mais le peu de temps accordé au Jury ne lui a pas permis de les examiner ; on le comprendra facilement, quand on saura qu'au seul concours du 1er octobre leur nombre s'élevait à quatre cent quatre-vingt-deux.

M. Grégoire-Nélis, de Jodoigne, en avait deux cent cinquante à lui seul. M. Bivort, dont le nom est bien connu en Belgique et en France, en présentait aussi quatre-vingt-neuf variétés; après eux venaient MM. Jamon et Durand, Baltet frères, Collette, etc.

Les concours de fruits ont paru, la première quinzaine, d'abord peu suivis, puis, de plus en plus brillants, jusqu'à la dernière série. L'époque, le programme, une bienveillance sans limites de la part des employés de la commission s'y prêtaient à l'envi, au moins autant que ce parc ravissant au milieu duquel s'étalaient les plus splendides et les plus gracieuses exécutions de l'industrie, de l'art et de la nature.

Pour compléter le travail de la classe 86, il nous resterait à faire l'étude d'une question devenue, sous l'énergique et savante impulsion de l'un des membres du Jury du groupe IX, l'une des plus importantes de celles que cette époque a vu surgir ; nous voulons parler de la viticulture.

Ce travail a été fait par M. le docteur Guyot ; ses voyages, ses écrits, ses conférences ont imprimé à la culture de la vigne, à la vinification, un développement dont personne mieux que lui ne pourra rendre compte.

Paris. — Imprimerie Paul Dupont, rue de Grenelle-Saint-Honoré, 45.

www.ingramcontent.com/pod-product-compliance
Ingram Content Group UK Ltd.
Pitfield, Milton Keynes, MK11 3LW, UK
UKHW012127240726
13965UKWH00005B/2029

9 782013 553391